Okunoren-Oyekenu *et al.* (2022). Multinational Enterprises and Strategies in Climate Risks. Case Study: Jordan. Arabic Bilingual Edition.

I0514489

Multinational Enterprises
and
Strategies in Climate Risks.
Case Study: Jordan.
Arabic Bilingual Edition.
المؤسسات والاستراتيجيات المتعددة الجنسيات في مجال المخاطر
الأردن :دراسة الحالة .المناخية

Yewande Okunoren-Oyekenu

Bisan Abuaita

Al-Mubashir Habeebullah

Mohamed Elkhouaja

Nahla Suleman

Okunoren-Oyekenu *et al.* (2022). Multinational Enterprises and Strategies in Climate Risks. Case Study: Jordan. Arabic Bilingual Edition.

Copyright Information

Title: Multinational Enterprises and Strategies in Climate Risks. Case Study: Jordan. Arabic Bilingual Edition.

Subtitle

الأردن :دراسة دراسة الحالة .المؤسسات والاستراتيجيات المتعددة الجنسيات في مجال المخاطر المناخية

Contributors: Yewande Okunoren-Oyekenu, Bisan Abuaita, Al-Mubashir Habeebullah, Mohamed Elkhouaja, Nahla Suleman

ISBN: 978-1-7948-8084-9

Imprint: Lulu.com

Edition: Bilingual edition

Edition Statement: -

License: All Rights Reserved - Standard Copyright License

Copyright Holder: International Human Rights Commission United Kingdom

Copyright Year: 2022

2

Okunoren-Oyekenu *et al.* (2022). Multinational Enterprises and Strategies in Climate Risks. Case Study: Jordan. Arabic Bilingual Edition.

Contents

Copyright Information 2

MULTINATIONAL ENTERPRISES AND STRATEGIES IN CLIMATE RISKS 4

CASE STUDY: JORDAN 4

SECTION I 4

Multinational Enterprises and Private/Public Partnerships 4

Principles of global finance and electronic payment systems 5

MNEs and Formation of Private/Public Partnership 6

Factors that Affect Foreign Direct Investments 7

SECTION II 11

The Financial Implications of Climate Change in Jordan 11

Case Study: Foreign Direct Investment and Climate Change in Jordan 12

Green Bond 13

The Pros of Using Bonds to Finance Climate Change Project 14

Refutation 16

Conclusion 17

ARABIC TRANSLATION 18

الأر :دراسة الحالة .المؤسسات والاستراتيجيات المتعددة الجنسيات في مجال المخاطر المناخية 18

الأردن :دراسة الحالة .المؤسسات والاستراتيجيات المتعددة الجنسيات في مجال المخاطر المناخية 19

القسم الأول -الشركات المتعددة الجنسيات والشراكات الخاصة/العامة 19

إيجابيات استخدام السندات لتمويل مشروع تغير المناخ 29

توضيح 31

الخاتمة 32

References 33

ABOUT THE AUTHOR 35

ARABIC LANGUAGE TRANSLATOR/TEACHER BISAN ABUAITA 37

ARABIC LANGUAGE TRANSLATOR/EDITOR AL-MUBASHIR HABEEBULLAH 38

ARABIC LANGAUGE TEACHER MOHAMED ELKHOUAJA 39

ARABIC LANGAUGE EDITOR-IN-CHIEF NAHLA SULEMAN 40

UK BLACK HISTORY MONTH 2022 ENDORSEMENTS FOR CLIMATE CHANGE PROJECTS 41

3

Okunoren-Oyekenu *et al.* (2022). Multinational Enterprises and Strategies in Climate Risks. Case Study: Jordan. Arabic Bilingual Edition.

MULTINATIONAL ENTERPRISES AND STRATEGIES IN CLIMATE RISKS.

CASE STUDY: JORDAN

This research paper comprises of two sections. Section A describes the Private/Public Partnerships (PPP) that Multinational Enterprises (MNEs) engage in as well as factors that affect Foreign Direct Investments (FDI), while Section B explains the strategies they use in managing climate risks. Private/Public Partnerships involving both the private sector and the public sector are not exempted from risks. The best approach for a successful partnership will be proffered as well as the option of sources of funding like Foreign Direct Investment. Jordan has been the focus of the news lately due to its current health hazards as a result of climate change. This paper will focus on Jordan as one of the countries with green initiatives and climate bonds in spite of its hardships. How MNEs have been able to manage the climate risks in Jordan will be analyzed.

SECTION I

Multinational Enterprises and Private/Public Partnerships

Multinational Enterprise (MNE) is the term used to describe any firm that produces and supplies goods and services with administration between more than two countries. This usually requires a lot of funds that the MNEs may not be able to provide on their own leading to the need for fund acquisition by asking for loans or engaging in projects as a partnership. A common type of collaboration is the private/public partnership that involves the MNE; serving as the private sector and the government body. This type of collaboration is usually long-term and makes use of assets possessed either by the individual or public entity with management and risks borne more by the private entity.

Foreign Direct Investment (FDI) is the invested capital in a foreign country from the capital an MNE purchase. It is common for MNEs to build their manufacturing or logistics subsidiaries in foreign countries for reasons like access to cheaper labor or reduction in tax in spite of challenges like language barrier or foreign exchange risks. This section will explain the steps required for a Private/Public partnership while emphasizing its benefits. It will also discuss the factors that affect foreign direct investment and how MNEs prevent such transfer risks.

Principles of global finance and electronic payment systems

Global finance is the term used for international transaction among countries by multinational enterprises, the monitors of international operations like the World Bank and the International Monetary System (IMF) as well as other commercial banks and pension organizations (Laws, 2017). Many banks in the US have international transactions, foreign investors' e.t.c, and this qualifies them to be categorized as global finance entities. A domestic bank is not in this category. As with other international practices, global finance has principles that govern daily transactions in multiple countries. Some of those principles that are used to monitor private/public partnerships include: Commitment from private and public organizations involved, financial education of those involved in the partnership, Comparative advantage, Economies of scale, addition of assets to the portfolio in order to reduce risks (Portfolio effect), efficient payment systems, multiple channels of operation and adequate infrastructure (The World Bank, 2016)

Global finance requires that there is a transaction in numerous countries and the best method of payment that will be convenient for both seller and buyer be used, This sector has seen improvement over the years and what is used currently, the electronic payment system has led to a broad acceptance of global finance. An individual can invest in both domestic and foreign portfolio, and an MNE can decide to invest in shares of an international company rather than build a subsidiary. Electronic payment system still has disadvantages like credit card fraud, but it is still a choice for many customers around the world. While fund acquisition by MNE can involve creating subsidiaries in countries of their choice and deciding that payment be made in the functional currency of the parent company in order to prevent transaction loss when currencies are converted.

MNEs and Formation of Private/Public Partnership

MNEs are successful due to the diversification of their portfolio, and this requires more assets to be added to survive the risks in business; however, not all of the assets are provided by the MNEs as they at times merge or enter partnerships with other companies or government bodies, and this has been the trend since the era of the financial crisis (World Bank, 2016b). The majority of this funding comes from project finance which can be supplied by commercial banks, international bodies, or shareholders. Infrastructure, on-time project delivery, efficiency in administration, allocation of budget, improving competitive advantage with other countries, access to long-term contract and funding, assessment of risk transfer are all requirements for engaging in a private/public partnership. World Bank (2016c) shows that multiple sectors depend on a single source of project finance, the project company. It is usually the private sector in the PPP that bears the risks and typically reports the administration of the project to the public sector, by privatization. The public sector at times may appoint one of its officers to run the partnership. The grantor is the public sector, the project company the private sector, and the lenders are the commercial banks with investors both local and foreign as the shareholders.

Factors that Affect Foreign Direct Investments

Foreign direct investments, as with other investments, have benefits and risks associated with them. At the same time, an advantage to one company may be a risk to another, depending on its sector and origin. US parent firms, for instance, like to outsource their manufacturing processes to a country that has low wages, speak in English, as well as access to the world market in the form of seaports, as air and land transportation will be quite expensive for their finished products. This implies that a combination of more than one variable is required for efficient practice by MNEs. Tejvan (2017) lists the following as the factors associated with FDIs and how MNEs mitigate against transfer risks.

Political Risks

Politics is always a factor to consider before MNEs can choose a subsidiary. There will be chaos in a country where the political rulers are not open to foreigners and their businesses. This has been the case in many emerging economies where political rulers raise tariffs overnight or due to poor governance, and there are attacks on foreign businesses. Domestic manufacturers always feel the need for the government to favor their products (Protectionism) even if their products are of inferior quality to those of foreign manufacturers. This principle of protectionism can limit the number of products or affect the price per product if domestic products sell cheaper, forcing international manufacturers to lower their prices to match those of local producers in the host country, often leading to losses. Political unrest is not to be left out in this class of risks.

Transport and Infrastructure:

As explained earlier, transportation facilities and necessary infrastructure for business are essential factors affecting FDI. Without a good network of roads, as is the case in places like Africa and some parts of Asia, MNEs will find it challenging to get their raw and finished products to their locations. Landlocked areas are usually tricky to choose for the establishment of a subsidiary. China is an excellent example of a place with transport access due to its proximity to the sea, and most of its exports are by the sea. Good source of electricity, internet facilities amongst others are necessary for the efficient running of the company.

Tax and Wage Rates

US parent companies have benefited from lower tax rates in foreign countries than in the US, and for this reason, they take their manufacturing abroad. In a country like Ireland, where tax rates are one of the lowest in Europe, a foreign investor can decide to channel all its taxable income through Ireland. While tax rates are reduced, wages are also reduced compared to what an average American will charge to carry out the same task. For this reason, there is a lot of profit made for MNEs on the international front than on the domestic front.

Labor Skills

MNEs can hire qualified staff in their destination countries who can carry out tasks with expertise that may surpass what they have in the US. Nevertheless, in most cases, the cost of highly skilled personnel comes at a low price. Many engineering jobs have now been outsourced to Indian firms due to their ability to speak English and carry out highly skilled labor. But due to issues like migration policies in the US, MNEs have to transfer their logistics to such countries rather than have the staff come over to the US.

Size of the Economy:

A large population has always benefitted MNEs, but how affluent is the community. A place like China is highly populated, and despite it been regarded as one of the countries with the poorest people, it also serves as a rich pool of middle-class citizens that can afford American products. However, a region like Africa is equally highly populated but usually lacks the potential for growth of MNEs due to political unrest and lack of infrastructure.

Exchange Rates in the Host Country

US parent firms have made profits from the depreciation of currencies in their host countries over the years. The weaker the foreign currencies, the increase in the inflow of FDI. The US dollar has remained stable in terms of the exchange rate and also happens to be the universal currency for world trade transactions. This means that the US dollar is always sought, and governments will pay whatever price they charge for exchanging foreign currencies to boost their reserve. The US parent company uses this advantage by converting its money to that of the host country to have sufficient funds in the local community to pay its workers and manage its enterprise.

Access to a Free Trade Area

A single market or a united regional zone is one of the reasons why MNEs choose a country as a subsidiary. The UK's leave from the European Union has led to many MNEs leaving for more stable countries like Germany and France that are still within the EU. There is political stability in Europe as well as free movement of labor and products. If people cannot come to work from another region in the EU to the UK, then the price of labor will increase, and goods become expensive.

Climate Risks

Climate change has affected foreign direct investment, both positively and negatively. When there are harsh conditions like food and water scarcity due to environmental hazards due to the incremental rise in temperature that automatically dries up the ocean and farmland, as seen in the case of Jordan, MNEs can use this as an opportunity to invest in food and water supply by exporting to such areas. Their subsidiaries present there will have to depend on the constant import of natural resources that could have been otherwise abundant, and this negatively affects the revenue.

SECTION II.

The Financial Implications of Climate Change in Jordan

Climate change problems like global warming leading to an incremental rise in temperature over the years have led to health risks for this generation and the future one. The advancement of industrialization has been linked with climate change risks to the extent that children are now forming societies to help them voice their concerns for themselves and the future generation (Robert, 2019). Foreign direct investment (FDI) by MNEs has been discussed in the previous section, and in terms of an unfavorable situation like climate change risks in the host countries where MNEs have their subsidiaries, business opportunities can still arise despite such risks.

Among 13 emerging economies rising in insurance schemes for renewable energy and climate-related projects are Kenya, Bangladesh, Mongolia, and Jordan due to the availability of such funds to the public (King, 2016). Water supply, for instance, can be a form of corporate social responsibility or for-profit measures, and this has been the order of the day in Jordan due to the annual receding of one meter along the ocean. This section will examine Jordan as a case study for a country with climate change issues, the currently available financial strategies like green bonds taken by MNEs in that country and argue in support of the pros of green bonds.

Okunoren-Oyekenu *et al.* (2022). Multinational Enterprises and Strategies in Climate Risks. Case Study: Jordan. Arabic Bilingual Edition.

Case Study: Foreign Direct Investment and Climate Change in Jordan

According to Robert (2019), "in Jordan, the second most water-scarce country in the world, continued and scaled-up action is needed to protect this precious resource for children and future generations." Foreign Direct Investment (FDI) is considered one of the most appropriate Private/Public partnerships, but for the case of Jordan, climate change has brought about hardship for both Government and Multinational Enterprises. Investment from Gulf countries has been a source of FDI for Jordan, until the situation turned around in 2006 due to an increase in a geopolitical and economic crisis, which became persistent, leading to a rapid decline in FDI inflows from $2billion in 2017 to $950million in 2018 (Nordea, 2016). Despite these issues, Jordan is still a destination for MNEs due to free trade zones, a reputable banking system as well as the presence of advanced infrastructures that all contribute to strengthened private/public partnerships.

Jordan is ruled by King Abdullah, backed by a strong army giving it a sense of political stability. The excellent relationship it maintains on the international front with the US, the EU, the IMF, and Gulf monarchies is one that has set it as a destination for these MNEs and Development organizations like UNICEF (Nordea, 2016). While Jordan benefits from reduced labor cost for its educated workforce, tourism, and production of potash and phosphate for its economic growth, it is, unfortunately, experiencing a deficit in its balance of trade due to its lack of natural resources like food and water, making it highly dependent on foreign aid or importation. Jordan is a safe place for refugees fleeing from countries currently experiencing war, which may soon expose it to attacks by terrorists.

Over the years, agencies like the World Bank and UNICEF have had to step in to provide food and water security for Jordan. However, a new form of investment strategy applied to regions with climate change issues like Jordan is the green bond. Because Jordan depends highly on external aid, such aid can be from green bond proceeds from another country/MNE. That means its weak point can be used to an advantage if, for instance, an MNE will provide water/food aid as a corporate social responsibility due to their foreign subsidiary present in Jordan or the MNE can make profits from entering a Private/Public partnership as a source of water/food provider to Jordan. Regarding the green bond, the MNE can invest in a tax-exempt portfolio as there is some form of tax exemption in Jordan when it comes to climate-related projects.

Green Bond

Thomas (2019) defines a *green bond* as "a bond whose proceeds are used to fund environment-friendly projects." Green bonds, due to their nature, are a long-term financial commitment that will be borne not only by the present generation but the future one, and the irony is that the future one ends up being the one paying for a commitment they know nothing about. This irony arises because a green bond is not designed to create maximum profits but rather an opportunity for MNEs to be responsible towards the environment they operate in by practicing sustainable manufacturing procedures that are environmentally friendly (Flaherty *et al.,* 2016).

The World Bank is the pioneer organization in the issuance of green bonds and has provided about $3.5billion for this cause since the process started in 2008 (Thomas, 2019). Flaherty *et al.* (2016) describe a three-stage model for the MNEs and green bond management: Damage to the environment due to industrialization, issuance of green bonds, and repayment of the bonds by income tax from future generations. Future generations are the ones that will benefit the most from environmental stability and a reduction in tax income when greenhouse gases become balanced (Flaherty *et al.*, 2016).

The Pros of Using Bonds to Finance Climate Change Project

Thomas (2019) describes the specific benefits of using green bonds, and they are listed below.

For Investors

Diversification in the Form of Protecting the Environment. MNEs are established to make profits, and they are also expected to bear some corporate social responsibilities in the environment in which they operate by reinvesting part of their benefit. Diversifying into projects for a good cause is how companies create the right image for themselves and further attract customers. Climate change risks are being reduced by plans like recycling or reuse of waste. Dependence on the solar energy supply rather than fuels is also a diversification of portfolios for many firms.

Tax-exempt income. Investors can get some tax reduction or exemption when their organizations are compatible with environmentally friendly standards. This, therefore, creates more income for the company that could have been otherwise used as tax. When investors get a tax exemption, they can channel such extra funding into positive ventures like water aid or food aid, as in the case study: Jordan.

Lower Borrowing Costs When Demand for Green Bond Increases: Many organizations now have green bonds, unlike in the past. The higher the need for green bonds, the lesser the costs associated with borrowing. This reduces the final value of the debt incurred by the company, thereby making funds available for more profitable investments.

For Green Bond Issuers

The green bond issuers also benefit from lending due to the profits made not only from the current investors but the future or younger investors who will pay back the bond through tax income. Green rating is a new technique that shows how countries comply with green standards set by the government, and this will lead to the ability of the issuers to place the country in a higher position of environmentally friendly countries. The higher a country`s green rating, it is proposed that there will be an improved and favorable interest rate when a green bond is to be issued to such responsible countries.

Okunoren-Oyekenu *et al.* (2022). Multinational Enterprises and Strategies in Climate Risks. Case Study: Jordan. Arabic Bilingual Edition.

Refutation

Despite the cons of green bonds, such as interest rates, fungibility, and others discussed by various authors, some steps can be taken to manage the situation. Advancement in industrialization is the cause for destabilization in the environment in the first place, especially climate change risks. If there is a reduction in harsh industrialization procedures that manufacturing companies engage in, there will be a positive turnaround for our present and future generations. Of the various forms of green bonds, those backed by the government are likely to be of better options than other types. The World Bank (2018) recommends that green bonds should be kept to a minimum.

Diversification is one of the reasons why MNEs have foreign subsidiaries even when there are risks involved. They want to be associated with good deeds as well as making profits, so green bonds are also forms of corporate social responsibility, and the long-term benefit of a greener world is what should be considered (The World Bank, 2018). Regarding interest rates for green bonds, countries like Bangladesh provide a reduction for loans relating to projects that use greener methods such as solar, wind, and technologies using clean energy (King, 2016). While Latin America, Africa, and Asia provide their population with inadequate income and those vulnerable to the harsh effects of climate change with micro-insurance packages, Countries like Mongolia provide its thirteen commercial banks with financial principles that support sustainable energy use (King, 2016). Hence the cons in the green bond can actually be limited.

Conclusion

Green bonds have been discussed in this chapter and, most importantly, why their benefits outweigh their costs. Investors, as well as green bond issuers, both benefit from green bond packages. The sad truth is that even if a green bond is made available and there is a long-term maturity for the debt repayment, it is unfair to impose these risks on future generations. That been said, the damage to the climate has already been done, and it is reasonable that private and public organizations have realized their mistakes, and this is why the green bond was created so future generations can live in an environmentally friendly world.

Most importantly, children in Jordan, with support from UNICEF, are now conscious of their environment and are being taught how to prevent the damage caused by previous generations. Food and water are essential natural resources that are essential for growth and must never run out. For a continuous supply of these resources, Jordan will continue to cooperate with more industrialized nations by attracting foreign investors as well as ensuring a politically and environmentally safe society.

ARABIC TRANSLATION

المؤسسات والاستراتيجيات المتعددة الجنسيات في مجال المخاطر
الأر :دراسة الحالة .المناخية

Okunoren-Oyekenu *et al.* (2022). Multinational Enterprises and Strategies in Climate Risks. Case Study: Jordan. Arabic Bilingual Edition.

المؤسسات والاستراتيجيات المتعددة الجنسيات في مجال المخاطر المناخية. الأردن: دراسة دراسة الحالة

يتكون هذا الفصل من قسمين؛ يصف القسم الأول الشراكات بين القطاعين الخاص والعام التي تشارك فيها الشركات المتعددة الجنسيات بالإضافة الى العوامل التي تؤثر على الاستثمارات الأجنبية المباشرة، بينما يشرح القسم الثاني الاستراتيجيات التي تستخدمها في إدارة المخاطر المناخية. ولا تعفى الشراكات بين القطاعين الخاص والعام من المخاطر. وسوف يتم تقديم أفضل نهجا للشراكة الناجحة بالإضافة الى خيار مصادر التمويل مثل الاستثمار المباشر الأجنبي. كانت الأردن محور تركيز الأخبار مؤخرا بسبب المخاطر الصحية الحالية الناجمة عن تغير المناخ. يركز هذا الفصل على الأردن كأحد الدول ذات المبادرات الخضراء وروابط المناخ رغم الصعوبات التي تواجهها. وسيتم تحليل كيفية تمكن المؤسسات متعددة الجنسيات من إدارة المخاطر المناخية في الأردن.

القسم الأول - الشركات المتعددة الجنسيات والشراكات الخاصة/العامة

شركة متعددة الجنسيات (MNE) هو المصطلح المستخدم لوصف أي شركة تنتج وتورد السلع والخدمات بالإدارة بين أكثر من بلدين. وهذا يتطلب عادة أموالا كثيرة قد لا تكون المؤسسات متعددة الجنسيات قادرة على توفيرها بمفردها، مما يؤدي إلى الحاجة إلى الحصول على أموال عن طريق طلب قروض أو الاشتراك في مشاريع كشراكة. نوع شائع من التعاون هو الشراكة الخاصة/العامة التي تضم المؤسسات متعددة الجنسيات، وتعمل كالقطاع الخاص والهيئة الحكومية. وعادة ما يكون هذا النوع من التعاون طويل المدى

Okunoren-Oyekenu *et al.* (2022). Multinational Enterprises and Strategies in Climate Risks. Case Study: Jordan. Arabic Bilingual Edition.

ويستخدم الأصول التي يمتلكها اما الفرد أو الكيان العام، مع تحمل الكيان الخاص إدارة ومخاطر أكبر.

الاستثمار الأجنبي المباشر هو رأس المال المستثمر في بلد أجنبي من رأس المال الذي تشتريه الشركات متعددة الجنسيات. ومن الشائع أن تقوم المؤسسات متعددة الجنسيات ببناء فروعها في التصنيع أو الخدمات اللوجستية في البلدان الأجنبية لأسباب مثل القدرة على الوصول إلى العمالة الأرخص أو خفض الضرائب على الرغم من التحديات مثل حاجز اللغة أو مخاطر الصرف الأجنبي. يشرح هذا الفصل الخطوات المطلوبة لإقامة شراكة خاصة/عامة مع التأكيد على فوائدها. كما سيناقش العوامل التي تؤثر على الاستثمار الأجنبي المباشر وكيف تمنع المؤسسات متعددة الجنسيات مخاطر النقل هذه.

مبادئ التمويل العالمي ونظم الدفع الإلكتروني

التمويل العالمي هو المصطلح المستخدم للمعاملات الدولية بين البلدان من قبل الشركات متعددة الجنسيات، ومراقبي العمليات الدولية مثل البنك الدولي ونظام النقد الدولي، والمصارف التجارية الأخرى ومنظمات المعاشات التقاعدية (القوانين، 2017). العديد من البنوك في الولايات المتحدة لديها معاملات دولية، مستثمرين أجانب الخ، وهذا يؤهلهم ليتم تصنيفهم ككيانات تمويل عالمية. البنك المحلي ليس في هذه الفئة. وكما هي الحال مع الممارسات الدولية الأخرى، فإن التمويل العالمي لديه مبادئ تحكم المعاملات اليومية في العديد من البلدان. وتشمل بعض هذه المبادئ التي تستخدم لرصد الشراكات بين القطاعين الخاص والعام التزاما من جانب المنظمات الخاصة والعامة المعنية، والتثقيف المالي من جانب المشاركين في الشراكة، والميزة النسبية، واقتصاديات الحجم، إضافة الأصول إلى المحفظة من أجل تقليل المخاطر (تأثير المحفظة)، وأنظمة الدفع الفعالة، وقنوات التشغيل المتعددة والبنية التحتية المناسبة (البنك الدولي، 2016).

يتطلب التمويل العالمي أن تكون هناك معاملة في العديد من البلدان وأن يتم استخدام أفضل طريقة دفع مناسبة لكل من البائع والمشتري. وقد شهد هذا القطاع تحسنا على مر السنين، وأدى ما يستخدم حاليا، وهو نظام الدفع الإلكتروني، إلى قبول واسع النطاق للتمويل العالمي. فالفرد قادر على الاستثمار في كل من المحافظ الاستثمارية المحلية والخارجية، وبوسع الشركات متعددة الجنسيات أن

تقرر الاستثمار في أسهم شركة دولية بدلا من بناء شركة تابعة. لا يزال نظام الدفع الإلكتروني يعاني من عيوب مثل الاحتيال عبر بطاقات الائتمان، ولكنه لا يزال خيارا للعديد من العملاء حول العالم. في حين أن اكتساب الأموال من قبل الشركات متعددة الجنسيات يمكن أن ينطوي على إنشاء شركات تابعة في البلدان التي يختارونها، وعلى اتخاذ قرار بأن يتم الدفع بالعملة الوظيفية للشركة الأم لمنع خسارة المعاملات عند تحويل العملات.

الشركات متعددة الجنسيات وتكوين شراكة خاصة / عامة

الشركات متعددة الجنسيات ناجحة بسبب تنويع محافظها، وهذا يتطلب إضافة المزيد من الأصول للتغلب على المخاطر في مجال الأعمال التجارية؛ ومع ذلك، لا توفر الشركات متعددة الجنسيات جميع الأصول لأنها تندمج أحيانا أو تدخل شراكات مع شركات أو هيئات حكومية أخرى، وكان هذا هو الاتجاه منذ عهد الأزمة المالية (البنك الدولي، 2016 ب). ويأتي معظم هذا التمويل من تمويل المشاريع الذي يمكن أن تقدمه المصارف التجارية أو الهيئات الدولية أو حملة الأسهم. البنية التحتية، تسليم المشروع في الوقت المحدد ، والكفاءة في الإدارة، وتخصيص الميزانية، وتحسين الميزة التنافسية مع البلدان الأخرى، والوصول إلى العقود والتمويل طويل الأجل ، وتقييم نقل المخاطر، كلها متطلبات للمشاركة في شراكة خاصة/عامة. ويبين البنك الدولي (2016c) أن قطاعات متعددة تعتمد على مصدر واحد لتمويل المشاريع، وهو شركة المشروع. وعادة ما يكون القطاع الخاص في تعادل القوة الشرائية هو الذي يتحمل المخاطر وينقل عادة إدارة المشروع إلى القطاع العام عن طريق الخصخصة. ويجوز للقطاع العام أحيانا أن يعين أحد الموظفين فيه لإدارة الشراكة. والمانح هو القطاع العام، وشركة المشروع، والقطاع الخاص، والمقرضون هم المصارف التجارية التي يكون المستثمرون المحليون والاجانب فيها من المساهمين.

العوامل التي تؤثر على الاستثمارات الأجنبية المباشرة

الاستثمارات الأجنبية المباشرة، كما هي الحال مع الاستثمارات الأخرى، لها فوائد ومخاطر مرتبطة بها. وفي الوقت نفسه، قد تشكل ميزة لشركة ما خطرا على شركة أخرى، اعتمادا على قطاعها وأصلها. فالشركات الأم في الولايات المتحدة، على سبيل المثال، تحب الاستعانة بمصادر خارجية

Okunoren-Oyekenu *et al.* (2022). Multinational Enterprises and Strategies in Climate Risks. Case Study: Jordan. Arabic Bilingual Edition.

لعملياتها التصنيعية في دولة ذات أجور منخفضة، وتتحدث باللغة الإنجليزية، بالإضافة الى القدرة على الوصول إلى السوق العالمية في هيئة موانئ بحرية، لأن النقل الجوي والبري سوف يكون مكلفا للغاية بالنسبة لمنتجاتها النهائية. وهذا يعني أن الجمع بين أكثر من متغير واحد مطلوب لممارسة الشركات متعددة الجنسيات ممارسة فعالة. يسرد Tejvan (2017) ما يلي كعوامل مرتبطة بالاستثمارات الأجنبية المباشرة وكيف تخفف الشركات متعددة الجنسيات من مخاطر التحويل.

المخاطر السياسية

إن السياسة تشكل دوما عاملا يتعين على المؤسسات متعددة الجنسيات أن تفكر فيه قبل أن تتمكن من اختيار كيان تابع لها. سوف تسود الفوضى في بلد لا يكون فيه الحكام السياسيون منفتحين على الأجانب وأعمالهم. وكانت هذه هي الحال في العديد من الاقتصادات الناشئة حيث يرفع الحكام السياسيون التعريفات الجمركية بين عشية وضحاها أو بسبب سوء الإدارة، وهناك هجمات على الشركات الأجنبية. يشعر المصنعون المحليون دوما بالحاجة إلى أن تحابي الحكومة منتجاتهم (الحمائية) حتى ولو كانت منتجاتهم أقل جودة من منتجات المصنعين الأجانب. وهذا المبدأ من الحمائية يمكن أن يحد من عدد المنتجات أو يؤثر على سعر كل منتج إذا كانت المنتجات المحلية تبيع بأسعار أرخص، مما يجبر المصنعين الدوليين على خفض أسعارهم بما يتناسب مع أسعار المنتجين المحليين في البلد المضيف، مما يؤدي في كثير من الاحيان إلى خسائر. لا ينبغي ترك الاضطرابات السياسية في هذه الفئة من المخاطر.

النقل والبنية التحتية:

كما سبق توضيحه، فإن مرافق النقل والبنية التحتية اللازمة للأعمال التجارية هي عوامل أساسية تؤثر على الاستثمار الأجنبي المباشر. في غياب شبكة جيدة من الطرق، كما هي الحال في أماكن مثل أفريقيا وبعض أجزاء آسيا، فإن المؤسسات متعددة الجنسيات سوف تجد صعوبة بالغة في حمل منتجاتها الخام الجاهزة إلى مواقعها. عادة ما يكون من الصعب اختيار المناطق غير الساحلية لإنشاء شركة تابعة. وتعد

Okunoren-Oyekenu *et al.* (2022). Multinational Enterprises and Strategies in Climate Risks. Case Study: Jordan. Arabic Bilingual Edition.

الصين مثالا ممتازا لمكان يسهل الوصول إليه من خلال وسائل النقل نظرا لقربها من البحر، ومعظم صادراتها عن طريق البحر. مصدر جيد للكهرباء, ومرافق الإنترنت ضرورية لإدارة الشركة بكفاءة.

Okunoren-Oyekenu *et al.* (2022). Multinational Enterprises and Strategies in Climate Risks. Case Study: Jordan. Arabic Bilingual Edition.

معدلات الضرائب والأجور

استفادت الشركات الأم في الولايات المتحدة من معدلات ضريبية أقل في البلدان الأجنبية مقارنة بالولايات المتحدة، ولهذا السبب فإنها تأخذ صناعاتها إلى الخارج. في بلد مثل أيرلندا، حيث معدلات الضرائب واحدة من أدنى المعدلات في أوروبا، يستطيع المستثمر الأجنبي أن يقرر توجيه كل دخله الخاضع للضريبة عبر أيرلندا. في حين يتم خفض المعدلات الضريبية، فإن الأجور تنخفض أيضا مقارنة بما قد يتقاضاه المواطن الأميركي العادي في تنفيذ نفس المهمة. لهذا السبب، هناك الكثير من الأرباح التي تحققها الشركات متعددة الجنسيات على الصعيد الدولي منها على الصعيد المحلي.

مهارات العمل

بوسع الشركات متعددة الجنسيات أن توظف موظفين مؤهلين في بلدان المقصد التي يمكنها أن تنفذ مهام بالاستعانة بخبرات قد تفوق ما لديها في الولايات المتحدة. ومع ذلك، ففي معظم الحالات، تكون تكلفة الموظفين ذوي المهارات العالية منخفضة. والآن انتقلت العديد من الوظائف الهندسية إلى شركات هندية بسبب قدرتها على التحدث باللغة الإنجليزية وتنفيذ الأعمال بمهارة عالية. ولكن نظرا لقضايا مثل سياسات الهجرة في الولايات المتحدة، فإن الشركات متعددة الجنسيات تضطر إلى نقل خدماتها اللوجستية إلى مثل هذه البلدان بدلا من أن يأتي الموظفون إلى الولايات المتحدة.

حجم الاقتصاد:

لطالما استفاد عدد كبير من السكان من الشركات متعددة الجنسيات، ولكن ما مدى ثراء المجتمع. إن مكانا مثل الصين مكتظة بالسكان، وعلى الرغم من أن الصين تعد واحدة من أفقر الدول، إلا أنها تخدم أيضا كمجمع غني من مواطني الطبقة المتوسطة القادرين على تحمل تكاليف المنتجات الأميركية. ومع ذلك، فإن منطقة مثل أفريقيا ذات كثافة سكانية عالية، على حد سواء، ولكنها تفتقر عادة إلى إمكانية نمو الشركات متعددة الجنسيات بسبب الاضطرابات السياسية والافتقار إلى الهياكل الأساسية.

أسعار الصرف في البلد المضيف

حققت الشركات الأم في الولايات المتحدة أرباحا من انخفاض قيمة العملات في البلدان المضيفة لها على مر السنين. كلما كانت العملات الاجنبية أضعف، زادت تدفقات الاستثمار الاجنبي المباشر. فقد

Okunoren-Oyekenu *et al.* (2022). Multinational Enterprises and Strategies in Climate Risks. Case Study: Jordan. Arabic Bilingual Edition.

ظل الدولار الأميركي مستقرا من حيث سعر الصرف، كما تصادف أنه العملة العالمية للمعاملات التجارية العالمية. وهذا يعني أن الدولار الأميركي مطلوب دائما، وأن الحكومات سوف تدفع أي ثمن تتقاضاه مقابل صرف العملات الأجنبية لتعزيز احتياطياتها. وتستخدم الشركة الأم في الولايات المتحدة هذه الميزة من خلال تحويل أموالها إلى أموال الدولة المضيفة للحصول على أموال كافية في المجتمع المحلي لدفع أجور العاملين لديها وإدارة أعمالها.

الوصول إلى منطقة تجارة حرة

تعد السوق الموحدة أو المنطقة الإقليمية الموحدة أحد الأسباب التي تجعل الشركات متعددة الجنسيات تختار بلدا ككيان فرعي. فقد أدى خروج المملكة المتحدة من الاتحاد الأوروبي إلى انتقال العديد من الشركات متعددة الجنسيات الى بلدان أكثر استقرارا مثل ألمانيا وفرنسا اللتين لا زالتا ضمن الاتحاد الأوروبي. هناك استقرار سياسي في أوروبا، وأيضا حرية حركة العمالة والمنتجات. إذا لم يتمكن الناس من المجيء للعمل من منطقة أخرى في الاتحاد الأوروبي إلى المملكة المتحدة، فإن سعر العمالة سوف يرتفع، وتصبح السلع باهظة التكاليف.

المخاطر المناخية

قد أثر تغير المناخ على الاستثمار الأجنبي المباشر، إيجابيا وسلبيا على حد سواء. عندما تكون هناك ظروف قاسية مثل ندرة الأغذية والمياه بسبب المخاطر البيئية التي يسببها الارتفاع المتزايد في درجة الحرارة الذي يجفف تلقائيا المحيطات والأراضي الزراعية، كما هو الحال في الأردن، يمكن للشركات متعددة الجنسيات أن تستغل هذه الفرصة للاستثمار في إمدادات الغذاء والمياه من خلال التصدير إلى مثل هذه المناطق. ويتعين على الشركات التابعة لها الموجودة هناك أن تعتمد على الاستيراد المستمر للموارد الطبيعية التي كان يمكن أن تكون وفيرة لولا ذلك، وهذا يؤثر سلبا على الإيرادات.

القسم الثاني: الآثار المالية المترتبة على تغير المناخ في الأردن

إن مشاكل تغير المناخ مثل الانحباس الحراري العالمي، والتي تؤدي إلى ارتفاع تدريجي في درجات الحرارة على مدى الأعوام، أدت إلى مخاطر صحية تهدد هذا الجيل والمستقبل. ويرتبط تقدم التصنيع بمخاطر تغير حتى أصبح الأطفال الآن يشكلون مجتمعات تساعدهم في التعبير عن مخاوفهم

لأنفسهم ولأجيال المستقبل (روبرت، 2019). وقد نوقشت الاستثمارات الأجنبية المباشرة التي تقوم بها الشركات متعددة الجنسيات في القسم السابق، وفيما يتعلق بحالة غير مواتية مثل مخاطر تغير المناخ في البلدان المضيفة التي تتواجد فروع الشركات متعددة الجنسيات فيها، لا تزال فرص الأعمال التجارية قائمة على الرغم من هذه المخاطر.

من بين 13 اقتصادًا ناشئًا صاعدًا في خطط التأمين على الطاقة المتجددة والمشاريع المتعلقة بالمناخ، كينيا وبنجلاديش ومنغوليا والأردن نظرا لتوفر مثل هذه الأموال للجمهور (الملك، 2016). امدادات الماء

على سبيل المثال، يمكن أن تكون شكلا من أشكال المسؤولية الاجتماعية للشركات أو التدابير الهادفة إلى تحقيق الربح، وهذا هو الحال في الأردن بسبب التراجع السنوي لمسافة متر واحد على طول المحيط. سيبحث هذا القسم في الأردن كدراسة حالة لبلد يعاني من قضايا تغير المناخ، والاستراتيجيات المالية المتاحة حاليًا مثل السندات الخضراء التي اتخذتها الشركات متعددة الجنسيات في ذلك البلد، والذي يدافع عن مزايا السندات الخضراء.

دراسة حالة: الاستثمار الأجنبي المباشر وتغير المناخ في الأردن

طبقا لروبرت (2019): "في الأردن، ثاني أكثر دولة شحيحة المياه على مستوى العالم، هناك حاجة ماسة إلى إجراءات مستمرة ومكثفة لحماية هذا المورد الثمين للأطفال والأجيال القادمة". ويعتبر الاستثمار الأجنبي المباشر واحدا من أنسب الشراكات بين القطاعين الخاص والعام، ولكن بالنسبة للأردن، أدى تغير المناخ إلى معاناة الحكومة والشركات المتعددة الجنسيات على حد سواء. وكان الاستثمار من دول الخليج مصدرا للاستثمار المباشر الأجنبي في الأردن، إلى أن تحول الوضع في عام 2006 بسبب زيادة الأزمة الجيوسياسية والاقتصادية، التي أصبحت مستمرة، الأمر الذي أدى إلى انخفاض سريع في تدفقات الاستثمار المباشر الأجنبي من 2 مليار دولار في عام 2017 إلى 950 مليون دولار في عام 2018 (نوراديا، 2016). وعلى الرغم من هذه المشاكل، لا يزال الأردن وجهة الشركات متعددة الجنسيات بسبب مناطق التجارة الحرة، والنظام المصرفي حسن السمعة، بالإضافة الى وجود هياكل أساسية متقدمة تسهم جميعها في تعزيز الشراكات بين القطاعين الخاص والعام.

فالأردن يحكمه الملك عبد الله، بدعم من جيش قوي يمنحه شعورا بالاستقرار السياسي. العلاقة الممتازة التي تحتفظ بها على المستوى الدولي مع الولايات المتحدة، والاتحاد الأوروبي، وصندوق النقد الدولي، وممالك الخليج هي تلك الأنظمة التي جعلتها مقصد لهذه الشركات متعددة الجنسيات ومنظمات التنمية مثل اليونيسيف (نوريديا، 2016). في حين يستفيد الأردن من خفض تكاليف العمل للعاملين المتعلمين والسياحة وإنتاج البوتاسيوم والفوسفات من أجل نموه الاقتصادي، هو للأسف يعاني من عجز

Okunoren-Oyekenu *et al.* (2022). Multinational Enterprises and Strategies in Climate Risks. Case Study: Jordan. Arabic Bilingual Edition.

في ميزان تجارته بسبب افتقاره للموارد الطبيعية مثل الغذاء والماء، مما يجعله يعتمد اعتمادا كبيرا على المعونة الأجنبية أو الاستيراد. إن الأردن مكان آمن للاجئين الفارين من البلدان التي تشهد حربا حاليا، وهو ما قد يعرضها قريبا لهجمات من قبل الإرهابيين.

وعلى مر السنين، اضطرت وكالات مثل البنك الدولي واليونيسيف إلى التدخل لتوفير الأمن الغذائي والمائي للأردن. ولكن هناك شكل جديد من أشكال الاستراتيجية الاستثمارية التي تطبق على المناطق التي تعاني من قضايا تغير المناخ مثل الأردن، وهو السند الأخضر. ولأن الأردن يعتمد إلى حد كبير على المساعدات الخارجية، فإن مثل هذه المساعدات قد تكون من عائدات السندات الخضراء من دولة أخرى/شركة متعددة الجنسيات. وهذا يعني أنه يمكن استخدام نقطة ضعفها لتحقيق ميزة ما إذا، على سبيل المثال، قامت شركة متعددة الجنسيات بتقديم مساعدات المياه/الغذاء كمسؤولية اجتماعية للشركات نظرا لأن الشركة التابعة لها الموجودة في الأردن أو الشركة متعددة الجنسيات يمكنها تحقيق أرباح من دخول شراكة خاصة/عامة كمصدر للمياه/الغذاء إلى الأردن. وفيما يتعلق بالسند الأخضر، يمكن أن تستثمر شركة متعددة الجنسيات في حافظة معفاة من الضرائب نظرا لوجود شكل ما من أشكال الإعفاء الضريبي في الأردن عندما يتعلق الأمر بالمشاريع ذات الصلة بالمناخ.

Okunoren-Oyekenu *et al.* (2022). Multinational Enterprises and Strategies in Climate Risks. Case Study: Jordan. Arabic Bilingual Edition.

السند الأخضر

ويعرف توماس (2019) *السند الأخضر* على أنه "السند الذي تستخدم عائداته لتمويل مشاريع صديقة للبيئة". إن السندات الخضراء، نظرا لطبيعتها، تشكل التزاما ماليا طويل الأمد، ولن يتحمله الجيل الحالي فحسب، بل وأيضا الجيل القادم، والمفارقة هنا هي أن جيل المستقبل سوف ينتهون بدفع التزامات لا يعرفون عنها شيئا. تنشأ هذه المفارقة لأن السند الأخضر ليس مصممًا لتحقيق أقصى قدر من الأرباح بل بالأحرى فرصة للشركات متعددة الجنسيات لتحمل المسؤولية تجاه البيئة التي تعمل فيها من خلال ممارسة إجراءات التصنيع المستدامة الصديقة للبيئة (فلاهيرتي وآخرون، 2016).

البنك الدولي هو المنظمة الرائدة في إصدار السندات الخضراء وقدمت حوالي 3.5 مليار دولار لهذه القضية منذ أن بدأت العملية في عام 2008 (توماس، 2019). فلاهيرتي وآخرون (2016) يصفون نموذجًا من ثلاث مراحل للشركات متعددة الجنسيات وإدارة السندات الخضراء: الضرر الذي يلحق بالبيئة بسبب التصنيع وإصدار السندات الخضراء وسداد السندات حسب ضريبة الدخل من الأجيال القادمة. الأجيال القادمة هي المستفيد الأكبر من الاستقرار البيئي وانخفاض في ضريبة الدخل عندما تصبح غازات الدفيئة متوازنة (فلاهيرتي وآخرون، 2016).

إيجابيات استخدام السندات لتمويل مشروع تغير المناخ

يصف (توماس 2019) الفوائد المحددة لاستخدام السندات الخضراء كالتالي:

للمستثمرين

التنويع في شكل حماية البيئة. الشركات متعددة الجنسيات أنشئت لتحقيق أرباح، ومن المتوقع منها أيضًا أن تتحمل بعض المسؤوليات الاجتماعية للشركات في البيئة التي يعملون فيها من خلال إعادة الاستثمار جزء من منفعتهم. عن طريق التنويع في المشاريع لسبب وجيه تخلق الشركات

الصورة المناسبة لها وتجذب المزيد من العملاء. يتم تقليل مخاطر التغير المناخي من خلال خطط مثل إعادة التدوير أو إعادة استخدام النفايات. الاعتماد على إمدادات الطاقة الشمسية بدلاً من الوقود هو أيضًا تنويع في المحافظ للعديد من الشركات.

الدخل المعفى من الضرائب. يمكن للمستثمرين الحصول على بعض التخفيضات أو الإعفاء الضريبي

عندما تتوافق مؤسساتهم مع المعايير الصديقة للبيئة. هذا، بالتالي، يخلق المزيد من الدخل للشركة الذي كان من الممكن أن يستخدم كضريبة. عندما يحصل المستثمرون على إعفاء ضريبي، يمكنهم توجيه ذلك التمويل الإضافي الى مشاريع إيجابية مثل المساعدات المائية أو المساعدات الغذائية، كما في دراسة الحالة: الأردن.

إيجابيات استخدام السندات لتمويل مشروع تغير المناخ

انخفاض تكاليف الاقتراض عند زيادة الطلب على السندات الخضراء:

العديد من المنظمات لديها الآن سندات خضراء، على عكس الماضي. كلما زادت الحاجة إلى السندات الخضراء، كلما قلت التكاليف المرتبطة بالاقتراض. هذا يقلل القيمة النهائية للديون التي تكبدتها الشركة، مما يجعل الأموال متاحة لاستثمارات أكثر ربحية.

لمصدري السندات الخضراء

يستفيد مصدرو السندات الخضراء أيضًا من الإقراض بسبب الأرباح المحققة ليس فقط من المستثمرين الحاليين بل وأيضا من المستثمرين الأصغر أو المستقبليين الذين سيدفعون السند من خلال ضريبة الدخل. التصنيف الأخضر هو أسلوب جديد يظهر كيف تمتثل الدول للمعايير الخضراء التي وضعتها الحكومة، وهذا سوف يؤدي إلى قدرة المصدرين على وضع الدولة في

مرتبة أعلى ضمن الدول الصديقة للبيئة. كلما ارتفع التصنيف الأخضر لبلد ما، من المقترح أنه سيكون هناك سعر فائدة محسن ومناسب عندما يتم اصدار السند الأخضر لهذه البلدان المسؤولة.

توضيح

على الرغم من سلبيات السندات الخضراء، مثل أسعار الفائدة، وإمكانية التبديل، وأخرى ناقشها كاتبون مختلفون، يمكن اتخاذ بعض الخطوات لإدارة الموقف. التقدم في التصنيع هو سبب زعزعة الاستقرار في البيئة في المقام الأول، وخاصة مخاطر تغير المناخ. إذا كان هناك انخفاض في إجراءات التصنيع القاسية التي تشارك فيها شركات التصنيع، سيكون هناك تحول إيجابي للجيل الحاضر والمستقبل. من الأشكال المختلفة للسندات الخضراء، تلك التي تدعمها الحكومة من المرجح أن تكون ذات خيارات أفضل من الأنواع الأخرى. البنك العالمي (2018) يوصي بضرورة تقليل السندات الخضراء إلى الحد الأدنى.

التنويع هو أحد الأسباب التي تجعل الشركات متعددة الجنسيات تمتلك شركات تابعة أجنبية حتى عندما تكون هناك مخاطر. إنهم يريدون أن يرتبطوا بالأعمال الصالحة بالإضافة إلى تحقيق الأرباح، لذا فإن السندات الخضراء هي أيضًا أشكال من المسؤولية الاجتماعية للشركات، والفائدة طويلة الأجل لعالم أكثر اخضرارًا هي ما يجب أخذه بعين الاعتبار (البنك الدولي، 2018). فيما يتعلق بأسعار الفائدة على السندات الخضراء، تقدم دول مثل بنغلاديش تخفيضًا للقروض المتعلقة بالمشاريع التي تستخدم طرقًا أكثر مراعاة للبيئة مثل الطاقة الشمسية وطاقة الرياح والتقنيات التي تستخدم الطاقة النظيفة (King، 2016). بينما توفر أمريكا اللاتينية وإفريقيا وآسيا لسكانها دخلاً غير كافٍ وأولئك المعرضين للتأثيرات القاسية لتغير المناخ من خلال حزم التأمين الصغيرة، فإن دولًا مثل منغوليا تزود بنوكها التجارية الثلاثة عشر بمبادئ

لذلك في الواقع يمكن أن تكون سلبيات (King، 2016). مالية تدعم الاستخدام المستدام للطاقة السند الأخضر محدودة.

الخاتمة

تمت مناقشة السندات الخضراء في هذا الفصل، والأهم من ذلك، لماذا تفوق فوائدها تكاليفها. المستثمرون، وكذلك مصدرو السندات الخضراء، يستفيدون من حزم السندات الخضراء. الحقيقة المحزنة هي أنه حتى لو تم توفير السندات الخضراء وكان هناك استحقاق طويل الأجل لسداد الديون، فمن غير العدل فرض هذه المخاطر على الأجيال القادمة. ومع ذلك، فقد تم بالفعل الضرر الذي لحق بالمناخ، ومن المعقول أن المنظمات الخاصة والعامة قد أدركت أخطائها، ولهذا السبب تم إنشاء السندات الخضراء حتى تتمكن الأجيال القادمة من العيش في عالم صديق للبيئة.

الأهم من ذلك، أن الأطفال في الأردن، بدعم من اليونيسف، أصبحوا الآن مدركين لبيئتهم ويتم تعليمهم كيفية منع الأضرار التي سببتها الأجيال السابقة. يعد الغذاء والماء من الموارد الطبيعية الأساسية الضرورية للنمو ويجب ألا ينفد أبدًا. من أجل الإمداد المستمر لهذه الموارد، سيواصل الأردن التعاون مع المزيد من الدول الصناعية من خلال جذب المستثمرين الأجانب وكذلك ضمان مجتمع آمن سياسياً وبيئياً.

References
المراجع /

Flaherty, M., Gevorkyan, A., Radpour, S., & Semmler, W. (2016). Financing Climate Policies through Climate Bonds (No. 2016-03). Schwartz Center for Economic Policy Analysis (SCEPA), The New School. Retrieved from http://www.economicpolicyresearch.org/images/docs/research/climate_change/2016-3_Financing_Climate_Policies_through_Climate_Bonds.pdf

King, E. (2016). UN- Kenya, Bangladesh, Jordan "green finance leaders." Retrieved from: https://www.climatechangenews.com/2016/07/19/un-kenya-bangladesh-jordan-green-finance-leaders/

Laws (2017). Global finance. Retrieved from: https://finance.laws.com/global-finance

Nordea (2016). Jordan: Investing in Jordan. Retrieved from: https://www.nordeatrade.com/en/explore-new-market/jordan/investment

Robert, J. (2019). Water security: A critical issue for children in Jordan today and future generations. Retrieved from: https://www.unicef.org/jordan/stories/water-security-critical-issue-children-jordan-today-and-future-generations

Tejvan, P. (2017). Factors that affect foreign direct investment. Retrieved from: https://www.economicshelp.org/blog/15736/economics/factors-that-affect-foreign-direct-investment-fdi/

Okunoren-Oyekenu *et al.* (2022). Multinational Enterprises and Strategies in Climate Risks. Case Study: Jordan. Arabic Bilingual Edition.

The World Bank (2016). Seven essential guiding principles to boost financial inclusion laid out in new report. Retrieved from: https://www.worldbank.org/en/news/press-release/2016/04/05/seven-essential-guiding-principles-to-boost-financial-inclusion-laid-out-in-new-report

The World Bank (2018). The pros and cons of green bonds, Retrieved from https://www.worldbank.org/en/news/opinion/2018/10/10/the-pros-and-cons-of-green-bonds

Thomas, K. (2019). How green bonds are a cornerstone of responsible investing. Retrieved from: https://www.thebalance.com/what-are-green-bonds-417154

World Bank Group (2016a). Government objectives: Benefits of Public-Private-Partnerships (PPPs). Retrieved from: https://ppp.worldbank.org/public-private-partnership/overview/ppp-objectives

World Bank Group (2016b). Main financing mechanisms for infrastructure projects. Retrieved from: https://ppp.worldbank.org/public-private-partnership/financing/mechanisms

World Bank Group (2016c). Project finance-Key concepts. Retrieved from: https://ppp.worldbank.org/public-private-partnership/financing/project-finance-concepts

Okunoren-Oyekenu *et al.* (2022). Multinational Enterprises and Strategies in Climate Risks. Case Study: Jordan. Arabic Bilingual Edition.

ABOUT THE AUTHOR

Yewande Okunoren-Oyekenu is a neuroscience researcher interested in healthcare innovations, trauma, neonatal brain repair, anaesthesia, and pain management. She has a B.Sc. in Biochemistry from the Olabisi Onabanjo University, Nigeria, and an M.Sc. in Pharmacology and Therapeutics with a specialization in Pharmacokinetics from the University of Ibadan, Nigeria. Her Doctorate career started at the University of Leicester, UK, where she studied Cell Physiology and Pharmacology with a Neuroscience specialization before transferring to California Intercontinental University for a Doctor of Business Administration in Healthcare Management and Leadership. She bridges the gap between medical research and industry to ensure the rapid translation of research results to benefit societal needs. She serves as a Board Member for healthcare and human rights organizations and encourages ages 9-18 to engage in STEM careers. https://www.lulu.com/spotlight/yewande-okunoren-oyekenu

Okunoren-Oyekenu *et al.* (2022). Multinational Enterprises and Strategies in Climate Risks. Case Study: Jordan. Arabic Bilingual Edition.

عن الكاتب

ييواندا اوكونورين اويكينو هي باحثة مهتمة بابتكارات الرعاية الصحية، واستراتيجيات العمل، والصدمات، وإصلاح دماغ الأطفال حديثي الولادة، والتخدير، وإدارة الألم. لديها بكالوريوس في الكيمياء الحيوية من جامعة أولابيسي أونابانجو في نيجيريا، وماجستير علم الأدوية والعلاجات مع تخصص في الحركية الدوائية من جامعة إبادان، نيجيريا. بدأت مسيرتها للحصول على الدكتوراه في جامعة ليستر بالمملكة المتحدة، حيث درست علم وظائف الأعضاء وعلم الأدوية بتخصص علم الأعصاب قبل أن تنتقل إلى جامعة كاليفورنيا إنتركونتيننتال للحصول على درجة الدكتوراه في إدارة الأعمال في إدارة الرعاية الصحية والقيادة. بصفتها الرئيس التنفيذي لشركة WENDY NOREN، فهي تبني جسور بين البحث الطبي والصناعة لضمان الترجمة السريعة لنتائج البحوث لصالح احتياجات المجتمع. تعمل كعضو مجلس استشاري لمنظمات الرعاية الصحية وتشجع الذين تتراوح أعمارهم بين 9 و18 عامًا على الانخراط في وظائف العلوم والتكنولوجيا والهندسة والرياضيات.

Okunoren-Oyekenu *et al.* (2022). Multinational Enterprises and Strategies in Climate Risks. Case Study: Jordan. Arabic Bilingual Edition.

ARABIC LANGUAGE TRANSLATOR/TEACHER BISAN ABUAITA

Bisan Abuaita is a Palestinian freelance translator with four years of experience translating from English to Arabic and more than two years translating from Korean to Arabic. Bisan Abuaita has Bachelor's degree in English and Korean Languages from the University of Jordan and a Master's degree in Development Policy from KDI School of Public Policy and Management in South Korea. Bisan worked on a variety of English to Arabic translation and interpretation projects, including written texts projects, localization, internationalization, audio files, and live speaking presentations. Her interests include political sciences, human rights, torture, international security, international norms, refugees and economic development.

بيسان أبو عيطة مترجمة فلسطيني مستقلة تتمتع بخبرة أربع سنوات في الترجمة من الإنجليزية إلى العربية وأكثر من عامين في الترجمة من الكورية إلى العربية. تخرجت بيسان أبو عيطة من الجامعة الأردنية بدرجة البكالوريوس في اللغتين الإنجليزية والكورية ودرجة الماجستير في السياسات التنموية من جامعة KDI للسياسة العامة والإدارة في كوريا الجنوبية. عملت بيسان على مجموعة متنوعة من مشاريع الترجمة والترجمة الفورية من الإنجليزية إلى العربية، بما في ذلك مشاريع النصوص المكتوبة، والتدويل، والملفات والعروض الصوتية والتقديمية الخ. تشمل اهتماماتها العلوم السياسية وحقوق الإنسان والتعذيب والأمن الدولي والأعراف الدولية واللاجئين والتنمية

Okunoren-Oyekenu *et al.* (2022). Multinational Enterprises and Strategies in Climate Risks. Case Study: Jordan. Arabic Bilingual Edition.
ARABIC LANGUAGE TRANSLATOR/EDITOR AL-MUBASHIR HABEEBULLAH

I'm Arayemi Habeebullah Al-Mubashir by name from Nigeria. I'm 22 years of age. I speak English and Arabic language. I am a volunteer of different Non governmental organizations. I am a translator of English and Arabic also. Currently i volunteer for the International Human Rights Commission (IHRC).

أنا أتحدث اللغة الإنجليزية. سنة 22عمري. أنا أريمي حبيب الله المبشر بالاسم من نيجيريا أنا مترجم للغة الإنجليزية. أنا متطوع في منظمات غير حكومية مختلفة. واللغة العربية والعربية أيضًا. أنا حاليًا متطوع في اللجنة الدولية لحقوق الإنسان. (IHRC).

Okunoren-Oyekenu *et al.* (2022). Multinational Enterprises and Strategies in Climate Risks. Case Study: Jordan. Arabic Bilingual Edition.

ARABIC LANGAUGE TEACHER MOHAMED ELKHOUAJA

I'm Mohamed Elkhouaja from Morocco, I'm 28 years old, I'm bilingual teacher of French/Arabic at public primary school. I'm president of a local association in my countryside, I'm in charge of communication and social media manager with Anouar Association, I'm a translator French/Arabic and project designer with Workcamp of Youth Association, I'm a member of World Youth Alliance organization.

Je m'appelle Mohamed Elkhouaja du Maroc, j'ai 28 ans et je suis professeur bilingue français/arabe dans une école primaire publique. Je suis président d'une association locale dans mon village, je suis responsable de la communication et des réseaux sociaux avec l'association Anouar, je suis traducteur français/arabe avec association Workcamp of Youths, je suis membre de l'organisation World Youth Alliance.

سنة، مدرس مزدوج للغتي العربية و الفرنسية في 28اسمي محمد الخواجة من المغرب، عمري
المدرسة الابتدائية العمومية، كما أني رئيس جمعية محلية بقريتي و مسؤول عن التواصل و
وسائل التواصل الاجتماعي مع جمعية أنوار، كما أشتغل متطوعا معا جمعية أوراش الشباب و
عربية، و أنا أيضا عضو بالتحالف العالمي /فرنسية و فرنسية/جمعيات أخرى في الترجمة عربية
للشباب. https://youtu.be/rQQGMcrM7qo

Okunoren-Oyekenu *et al.* (2022). Multinational Enterprises and Strategies in Climate Risks. Case Study: Jordan. Arabic Bilingual Edition.

ARABIC LANGAUGE EDITOR-IN-CHIEF NAHLA SULEMAN

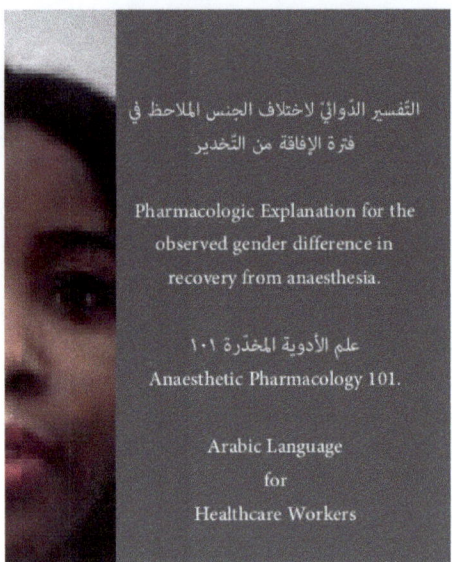

Ambassador Nahla Suleman is a Nurse from Sudan with experience in nursing services, climate change and disaster management. She serves on various Boards as a Consultant Reviewer for Arabic publication as well as improvement of employee care for Muslim healthcare workers and their organizations.

السفيرة نهلة سليمان ممرضة من السودان لديها خبرة في خدمات التمريض وتغير المناخ وإدارة الكوارث. تعمل في العديد من المجالس كمستشار مراجع للنشر العربي بالإضافة إلى تحسين رعاية الموظفين للعاملين في مجال الرعاية الصحية المسلمين ومنظماتهم.

Okunoren-Oyekenu *et al.* (2022). Multinational Enterprises and Strategies in Climate Risks. Case Study: Jordan. Arabic Bilingual Edition.

UK BLACK HISTORY MONTH 2022 ENDORSEMENTS FOR CLIMATE CHANGE PROJECTS

Okunoren-Oyekenu *et al.* (2022). Multinational Enterprises and Strategies in Climate Risks. Case Study: Jordan. Arabic Bilingual Edition.

Okunoren-Oyekenu *et al.* (2022). Multinational Enterprises and Strategies in Climate Risks. Case Study: Jordan. Arabic Bilingual Edition.

www.ingramcontent.com/pod-product-compliance
Lightning Source LLC
Chambersburg PA
CBHW041545220526
45473CB00014B/2962